笠原将弘的和风料理

（日）笠原将弘 著

清水优香 译

化学工业出版社

·北京·

僕が食べたい和そうざい

© Masahiro Kasahara 2016

Originally published in Japan by Shufunotomo Co., Ltd.

Translation rights arranged with Shufunotomo Co., Ltd.

through Shinwon Agency Beijing Representative Office

Chinese Simplified character translation rights © 2019 by Chemical Industry Press

本书中文简体字版由 Shufunotomo Co., Lrd. 授权化学工业出版社独家出版发行。未经许可，不得以任何方式复制或抄袭本书的任何部分，违者必究。

北京市版权局著作权合同登记号：01-2019-5137

图书在版编目（CIP）数据

笠原将弘的和风料理 /（日）笠原将弘著；清水优香译. —北京：化学工业出版社，2019.9

　ISBN 978-7-122-34865-4

　Ⅰ. ①笠…　Ⅱ. ①笠… ②清…　Ⅲ. ①菜谱 - 日本　Ⅳ. ①TS972.183.13

中国版本图书馆 CIP 数据核字（2019）第 143210 号

责任编辑：马冰初　　　　　　　　　　　装帧设计：卡古鸟设计
责任校对：王　静

出版发行：化学工业出版社（北京市东城区青年湖南街 13 号　邮政编码 100011）
印　　装：北京新华印刷有限公司
787mm×1092mm　1/16　印张 7　字数 180 千字　2019 年 10 月北京第 1 版第 1 次印刷

购书咨询：010-64518888　　售后服务：010-64518899
网　　址：http://www.cip.com.cn
凡购买本书，如有缺损质量问题，本社销售中心负责调换。

定　　价：49.80 元　　　　　　　　　　　　　　　版权所有　违者必究

 前言

因为是从小吃到大的味道，所以一直都想吃

提起料理，我脑海里就会浮现自己儿时在武藏小山商店街的情景。

我父亲在商店街经营着一家烧烤店，少年时的我经常在烧烤店营业时坐在一个角落，吃着父亲给我烧的饭菜。有时是甜甜的玉子烧，有时是郁金香形状的炸鸡翅根等。每次我都狼吞虎咽地吃着爸爸烧的美味佳肴和米饭。有时爸爸做了煮鱼，店里喝酒喝到微醺、兴致正浓的客人还会高兴地教我吃鱼的方法（当然父母也有教过我）。

那时我还喜欢附近的肉店或干货店里卖的店家自制的精美沙拉、炖菜，还有米糠渍物等。那温暖的味道让我至今难忘。

我想料理一定在某个地方有着能让人念念不忘且不同凡响的力量。朴素且比任何其他事物都要深入人心，永不会腻。于是我绞尽脑汁地思考，试着做出有自己特色的菜肴。我认为调味不一定要照搬硬套书上的分量。你可以根据自己的喜好去做，若能做出自己独特的"美味佳肴"，我将不胜欢喜。

目 录

第六章
干货和方便食材的料理

第七章
能长时间保存的沙拉

后记
我喜欢的饭团的故事

这本书的使用方法

· 若没有特别标注菜的分量时,一般都是3~4人份。

· 1 小勺 =5毫升、1 大勺 =15毫升

· 若没有特别声明火候时,一般是用中火。

· 菜谱上的制作过程一般会把洗菜和去皮等基础步骤省略。若没特别声明,在烹饪前请做好这些基础
  工作。

本书的高汤制作方法

材料:昆布⋯约5g、木鱼花⋯15克、水⋯500毫升

做法:将以上材料全部放入锅中,大火烧开,待烧开后改小火再煮5分钟。用筛子过滤出高汤。最后
      木鱼花里可能会残留少许高汤,可用圆勺子的背面压一下,压出多余的高汤。做好的高汤在冰
      箱内可储存3~4天。

这本书为了让今天、明天（乃至以后）都能享用到美味佳肴，
为此需要先将笠原流派的烹饪理念向大家介绍一下。

笠原式料理制作秘籍

1 烹饪时多多地活用食材本身的味道，是百吃不厌的窍门

珍视食材本身的味道，将比其他任何人工调味来得重要。哪怕不使用市场上售卖的高汤调料，也不用多个食材进行组合。只要选对能做出高汤的优质食材，就算是炖菜也能做出美味佳肴。

2 尽量使用一个锅来烹饪

料理店在烹饪食材时，焯水和去浮沫等环节都是使用多个锅来完成的。可家庭烹饪却不太可能用那么多锅，本书将依照化繁为简的原则，尽量使用一个锅，让烹饪步骤变得简单。

3 凉了也美味，味道过硬

为了让菜肴凉了也美味，本书避免使用一凉就会变硬的脂肪较多的肉类，例如猪五花肉等。另外，做出有层次口感的调味，也是菜凉了仍美味的秘诀。所以用这种方法来制作便当也非常棒。

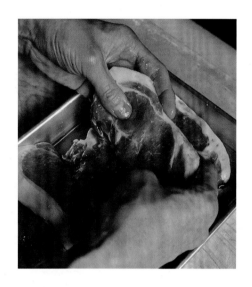

4 易于保存

如果做得太多会担心菜肴不能保存？我会在煮鱼中加入梅干，或加入醋做成南蛮渍，尽量搭配保存性高的食材。夏天的话还可以多加些醋，根据不同的情况积极灵活地做出调整。

5 调味时要根据食材自身的味道，不要拘泥于书上标注的调味分量

在烹饪前，尝一尝食材本身的味道很重要。比如萝卜比较甜的话，就可以试着减少砂糖或味醂❶的量，不要拘泥于书本上调味料的分量，要根据食材本身的味道，做出适合它的调味，才是做出百吃不厌美味佳肴的秘诀。

❶ 译者注：味醂是日本的一种类似于料酒+糖的调味品。

十种令人
怀念的老味道

陪伴我成长的味道

虽说父亲经营的是烧烤店，但他也会做出各种各样的菜肴。我想起了老客人常点的"银鳕鱼西京烧"，还有被誉为"名菜"的奶油土豆饼……这些菜我那时天天都能吃到，现在想想是件多么幸福的事。还有在祖父母家吃到的精肉店里买到的马卡罗尼沙拉，那味道也让人怀念。

时过境迁，现在那家精肉店已经歇业，父亲也离世了。但毫无疑问这些美食都是伴着我成长的味道，是我超爱的美食。

用大碗
来制作

传统马卡罗尼沙拉

这种沙拉在我小时候附近的精肉店有卖，
一边回忆儿时的味道，一边做令人怀念的马卡罗尼沙拉。
将马卡罗尼沙拉拌上黄油，味道会更佳。

材料

马卡罗尼通心粉…100克

火腿…5片

黄瓜…1根

洋葱…1/2个

黄油…10克

盐…适量

粗磨黑胡椒粉…少许

A 蛋黄酱…4大勺
酱油、黄芥末…各1/2小勺

做法

1　先烧一大锅水，加一点盐，水开后放入马卡罗尼通心粉，并按照通心粉包装袋上要求的时间煮熟。煮好后将通心粉取出控干水，充分地拌上黄油。黄瓜切成圆片后撒点盐拌匀，待其出水分后将水分挤干。洋葱切丝后也撒上盐拌匀，然后用水冲洗一下，再挤干水分。火腿可先对半切，然后再切成丝。

2　将步骤1做好的食材放入大碗中，加入 A 搅拌均匀。装盘，撒上粗磨黑胡椒粉即可。

冷藏可
保存3天

4

金平牛蒡

金平牛蒡不失败的方法，是早点关火。尽量将各种材料的粗细切得差不多。
不要将火调小，而要一气呵成地用大火炒，这样才能做出爽脆的口感。

材料

牛蒡、莲藕…各150克

胡萝卜…100克

熟白芝麻…2大勺

红辣椒粉…少许

芝麻油…3大勺

A
酒…90毫升
酱油…60毫升
砂糖…2大勺

做法

1　先将牛蒡、胡萝卜切成5厘米长的细丝。莲藕切成3毫米厚的银杏叶形。

2　取一只平底锅，倒入芝麻油烧热，放入步骤1的食材翻炒，待材料稍稍变软一点时，加入A继续煸炒。待汤汁收干后关火，撒上熟白芝麻和红辣椒粉，稍微翻炒一下即可，让其自然冷却。

冷藏可
保存5天

冷藏可
保存4天

用锅来烹饪

芝麻葱花炸鸡块

说到老家的炸鸡块,用的就是这种做法。
鸡肉块包裹上外衣,只需将其放在一个装了面粉等的大碗中抓揉均匀即可,
做法简单又方便。即使是放凉了,酱汁的味道已渗入其中,仍然很美味。

材料

鸡腿肉…3块(250克/块)

鸡蛋液…1个鸡蛋的量

小葱…5根

熟白芝麻…2大勺

面粉…2大勺

淀粉…适量

A | 酱油、味醂…各2大勺
　 | 粗磨黑胡椒…少许

B | 酱油、醋、高汤…各3大勺
　 | 味醂…1.5大勺

油炸用油…适量

做法

1　将小葱切成葱花,和熟白芝麻、B一起混合均匀调制成酱料。鸡腿肉切一口大小的块放入大碗里,加入A用手揉匀腌渍10分钟。在鸡蛋液中加入鸡腿肉块,抓匀。加入面粉也充分抓匀。将鸡腿肉块全身都裹上淀粉。

2　锅中倒入油加热到170℃,将步骤1的鸡腿肉块的1/3轻轻放入油锅中,炸3分钟后从油锅取出,静置3分钟。之后将油的温度提高一点,再次将炸过一次的鸡腿肉块倒入锅中炸,时不时地让油炸中的鸡腿肉块接触下空气,再炸2分钟即可。剩下的鸡腿肉块也是同样操作至全部炸完。

3　装盘,将步骤1调制好的酱料淋在炸好的鸡腿肉块上即可。

重点提示

因为是经过两次油炸,鸡腿肉块的表面咬起来特别酥脆。刚刚炸好立刻浇上酱料,这样无论是刚刚炸好的鸡腿肉块,还是变凉后的鸡腿肉块,味道都会特别棒。

冷藏可
保存3天

8

用厚蛋烧专
用锅来制作

甜甜的厚蛋烧

说到放凉了也好吃的菜肴，我第一个就会想到甜甜的厚蛋烧。
在每次给孩子准备运动会便当时，必做厚蛋烧。
它还能包在卷寿司里，或作为盖饭的菜。
所以可以做一个大大的，然后吃到过瘾！

材料

鸡蛋…8枚
高汤…120毫升
砂糖…4大勺
酱油…1大勺
色拉油…适量

做法

1 将高汤、砂糖、酱油倒在一个大碗中搅拌均匀。鸡蛋全部打散，用筷子充分搅打均匀放入大碗中。

2 取20厘米×18厘米的厚蛋烧专用锅，倒入色拉油一边加热一边让色拉油均匀地铺满锅内壁。用圆汤勺取适量鸡蛋液倒入锅中，然后拿起锅调整角度，让鸡蛋液均匀地铺满锅底。待鸡蛋液差不多快凝固时从远处开始向近处一边煎一边卷，卷起来的地方再薄薄地涂一层色拉油。将煎好的鸡蛋卷由锅的近处推向远处，然后空出来的近处锅底也薄薄地涂上色拉油，再倒一点鸡蛋液，和前面的步骤一样继续煎至鸡蛋液稍稍上色。如此重复操作，直到把鸡蛋液用完。

3 装盘，也可以根据喜好加上白萝卜泥。

重点提示

鸡蛋液铺满锅底但一遇热就会容易出现气泡，这时可以用筷子将气泡快速戳破，这样做出来的厚蛋烧就会平整美观。为了做出有厚度的厚蛋烧，在煎好一批厚蛋烧时，需将其推向锅中离自己远的一边，然后加入新的鸡蛋液，在鸡蛋液还没有凝固时，用筷子将厚蛋烧掀起，此时调整锅的角度，使流动的蛋液可以流到厚蛋烧的下部，待其凝固后继续卷，这样前后衔接就不容易断，且能做出漂亮的厚蛋烧。

冷藏可
保存3天

奶油土豆饼

用锅来烹饪

这道土豆饼是父亲做的，在客人中广受好评且超有人气。

似土豆，又似奶油的绝妙口感。

制作时需注意在混合白酱时不能有面粉的小颗粒，必须充分搅匀才行

材料

洋葱、土豆…各500克

混合肉糜❶…150克

黄油、面粉…各100克

牛奶…500毫升

盐、胡椒…各适量

面粉、鸡蛋液、面包粉…各适量

色拉油…1大勺

油炸用油…适量

生菜…3~4片

做法

1　将土豆用盐水煮熟（用竹扦插一下土豆，若可以轻松插到底就是已经熟了），取出后用捣泥器捣成泥。洋葱切成小丁。

2　平底锅倒入色拉油后加热，加入洋葱丁、肉糜炒至变软。加入盐、胡椒调味。出来的多余油脂可用厨房用纸吸出。

3　接着制作白酱。取一只大一点的锅，放入黄油将其加热熔化后投入面粉，用一只大木勺翻炒至面粉和黄油的混合物发出香味为止。离火，一边搅拌一边少量多次地加入牛奶，继续搅拌，直到锅中变成浓稠且顺滑的奶油状为止。

4　将步骤1的土豆泥和步骤2的食材混合，加入盐和胡椒调味，静置冷却至室温。

5　将步骤4的食材揉成直径6~7厘米的圆饼状。依次蘸上面粉、鸡蛋液、面包粉。放入170℃的油锅中炸3~4分钟。然后取出放在已铺好生菜叶的盘子里即可。

重点提示

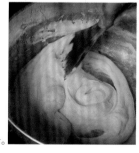

因为黄油和面粉的量一样，所以非常好记。做白酱时手不能停，一定要搅拌至均匀。待到体积膨胀起来时就是做好了。

❶ 译者注：混合肉糜一般指的是猪肉和牛肉的混合。

冷藏可
保存3天

酱油炸猪排

用锅来烹饪

这道菜是岳母为我做的——我喜爱的炸猪排。

由于预先调过味，所以就算没有酱汁也很好吃。

猪里脊肉的外皮蘸过两次面粉，所以咬起来口感特别香脆。

材料

猪里脊肉（炸猪排用）…6片

A
┌ 酱油…5大勺
│ 蜂蜜…3大勺
│ 酒…2大勺
└ 蒜泥…1/2小勺

B
┌ 鸡蛋…2枚
└ 牛奶…3大勺

面粉、面包粉…各适量

油炸用油…适量

圆白菜丝…适量

黄芥末酱…少许

柠檬…1个

做法

1　用菜刀切开猪里脊肉的筋，用叉子在猪里脊肉上面扎出无数个均匀的小孔（为了更入味）。将A混合，均匀地涂抹在扎好孔的猪里脊肉上，按摩使之入味，静置10分钟。然后将B倒进平底方形金属托盘里混合均匀。

2　将猪里脊肉蘸上面粉，然后放在B里使其均匀地裹上调料；取出猪里脊肉再蘸上面粉，再蘸一次B调料。

3　将猪里脊肉蘸上面包粉，放进170℃的油锅中炸5~6分钟。待其冷却一些时，切成1.5厘米宽的长条状装盘。再配上圆白菜丝、黄芥末酱和切成月牙形的柠檬。

重点提示

在猪里脊肉的预调味阶段，一定要给蘸有调味料的猪里脊肉进行按摩，以帮助其入味。由于事先用叉子在猪里脊肉上扎出了很多孔洞，所以调味料就很容易渗入其中。将调味料和猪里脊肉预先装入食品袋或保鲜袋中，帮助肉入味也可以。

冷藏可
保存4天

用大碗来制作

土豆沙拉

虽然吃过很多，也做过很多土豆沙拉，
但教大家的这种做法，应该算是最正统的味道。
土豆和胡萝卜焯水，用一个锅就能轻松搞定。

材料

土豆…4个

胡萝卜…1/2根

白洋葱…1/2个

水煮蛋…1个

盐…适量

胡椒…少许

A | 盐、砂糖…各1小撮
  | 醋…1大勺

B | 蛋黄酱…4大勺
  | 黄芥末酱…1/2小勺

欧芹…少许

做法

1　土豆切成一口大小的块状，胡萝卜对半切，将它们放入同一口锅内，加入大量的水再放一点点盐，开火将它们煮到软熟。取出胡萝卜切成薄片。将锅中的热水倒掉，晃动一下锅中的土豆，让里面热热的水分蒸发掉一些，继续一边开小火一边让其水分继续蒸发，待土豆变得有些粉状，水分也快没有时关火，趁热撒上A拌匀，进行预调味。

2　洋葱切细丝后抹上一点盐，然后用水冲洗一下，再将洋葱捞起稍稍拧干水分。将水煮蛋去壳切丁备用。

3　将土豆放入一个大碗中，用木勺将其捣碎。再和其他材料，还有B混合均匀。撒上盐和胡椒调味后装盘。再将欧芹切碎后撒上。

用烤鱼盘来烹饪

银鳕鱼西京烧

我记得这道西京烧在父亲店里是客人常点、父亲常做的一道菜。
有时还会做了让我作为便当带着。
香浓的味噌搭配多脂的银鳕鱼……拿来做下酒菜也是再好不过。

材料

银鳕鱼…6块
盐…少许
A 味噌…100克
  清酒、砂糖…各40克
德岛酸橘…3个

做法

1 银鳕鱼身上撒上盐，平铺于厨房用纸上静置30分钟，之
   后将鱼身上析出的多余水分擦拭掉。

2 将银鳕鱼置于方形托盘中。A 调料混合均匀涂在鱼身上
   后，盖上保鲜膜，入冰箱冷藏室静置2天。在烤之前将
   鱼身的味噌擦拭掉，入烤鱼盘烤制，烤的时候请多在窗
   口观察，注意不要烤焦了。如果外表上色过快，快要烤
   焦的话，可覆盖上锡纸做适当的温度调整。烤好装盘，
   再配上德岛酸橘即可。

冷藏可
保存5天

冷藏可
保存5天

卤猪肉和卤鸡蛋

用锅来烹饪

黏黏的变成焦糖色的洋葱，口感会变得特别鲜甜，是这道菜的重要配角。
煮出来的酱汁可以加入鸡汤做成拉面的汤底，
炒菜时拿这个当调味酱汁也不错，总之这道菜的每一滴汤汁都可物尽其用。

材料

猪梅头肉（去骨后的肩胛肉）…500克×2块

鸡蛋…8枚

洋葱…1个

生姜…10克

昆布（做高汤用）…5克

| A | 水…2升 |
| | 酒…360毫升 |

B	酱油…300毫升
	味醂…120毫升
	砂糖…10大勺

黄芥末酱…少许

大葱…1根

做法

1　为了做到更加入味，先用叉子将猪梅头肉扎满孔洞，用风筝木棉线从肉的一头开始绕圈扎起，直至另一头。然后放入平底锅中，开火煎至肉的表面上色。洋葱切丝，生姜也切丝备用。

2　锅中依次放入A、猪梅头肉、洋葱丝、生姜丝、昆布，开火煮到沸腾，去掉汤上的浮沫，煮30分钟。加入B，改小火再煮2小时。煮好待其自然冷却后装入保存容器，最好静置1天。

3　将鸡蛋放入煮开的水中，一边搅拌一边煮6分钟。取出煮好的鸡蛋放入凉水中让其降温。将鸡蛋剥壳后放入步骤2的酱汁中浸泡，让其入味。

4　吃的时候将酱汁或猪梅头肉上变硬的白色油脂去除，猪梅头肉切成大小适中和鸡蛋一起装盘。加上斜切成细丝并冲过水的大葱白和黄芥末酱即可。

重点提示

做好的梅头肉和鸡蛋要跟煮好的大量酱汁一起放入冰箱保存。随着冰箱内的温度降低，猪梅头肉的油脂会变白变硬，食用前可用厨房用纸去除。

冷藏可
保存4天

![平底锅图标] 用平底锅烹饪

沙丁鱼时雨煮

煮鱼是我超喜欢的菜谱之一。
记得我长身体的时候，父母会经常做给我吃。
煮鱼会比较容易碎，煮的时候尽量不要去动它是保持造型的关键。

材料

沙丁鱼…6条
生姜…60克
酱油…4大勺

A ｜ 水…300毫升
｜ 酒…200毫升
｜ 砂糖…2大勺

做法

1　沙丁鱼去鱼头、内脏后用水清洗干净，然后用厨房用纸将鱼身多余的水分擦干。生姜切成细丝。

2　取一只平底锅，平铺放入步骤1的食材，再加入 A 开火，煮开后用勺子撇去浮沫，盖上盖子焖煮10分钟。

3　煮好后掀开盖子，加入酱油再煮10分钟。待汤汁煮到原来的1/3时关火。装盘，根据喜好可以装饰山椒新芽❶。

---

❶ 译者注：山椒新芽是山椒树上长出的新芽，可以食用。

第二章

不需要
预制高汤的
炖（煮）菜

炖菜的预制高汤环节步骤烦琐
只要我们直接使用味道鲜美的食材来烹饪
即可省略这个步骤

当感到麻烦的时候，可直接使用味道鲜美的食材来做炖菜。

您应该有特想吃炖菜，但却提不起劲儿做高汤的时候吧！这时就算不使用市售高汤底料，只要记住那些本身有"提鲜"功能的食材，用它们就能方便快捷地做出美味炖菜。

昆布基本上无论是跟肉类，还是跟鱼类都很搭，在煮之前加入锅中就可以。另外，我认为肉类煎出的色泽也会影响口感，所以我希望大家在炖鸡肉之前，一定要先将鸡肉煎出金黄漂亮的色泽后再炖。

灵活运用这些味道鲜美的食材，轻松做出美味可口的炖菜吧！吃完身心都将获得巨大的满足。

主要的提鲜食材

肉类
烤肉，闻到它的香味时，就知道它是一种能作为调味料的鲜美食材。若带着骨头一起，那鲜美度将更上一层楼。

昆布
做水产类、肉类等动物性食材时不可或缺的一味食材，在煮之前加入，美味效果会翻倍。

蘑菇类
只要加一点点就能增鲜。将它放在通风处晾晒1~2小时，鲜味会更加凝聚其中。

水产类（鱼、虾、贝壳等海鲜）
只要放在水里煮就能做出鲜美高汤的珍贵食材。

罐头类
番茄和昆布一样具有提鲜成分，跟和食也很搭。我一般会将它加在炖菜或酱汁里使用。

冷藏可
保存3天

用平底锅
烹饪

番茄炖三文鱼

番茄具有丰富的谷氨酸，此成分和昆布中含有的成分是一样的。
所以在和食料理中，我用番茄作为提鲜食材来制作。
三文鱼带皮的那面需烤至香脆，另一面则以煮的时候不易散为标准，稍微烤一下即可。

材料

生三文鱼…4块

洋葱…1/2个

蟹味菇…1包

番茄罐头…1罐

盐…适量

A | 酒…100毫升
　 | 酱油…2大勺
　 | 砂糖…1大勺

色拉油…少许

小葱…5根

做法

1　将洋葱切丝，蟹味菇用手将其一根根分开。小葱切成葱花。三文鱼撒上点盐。再将A调料混合好备用。

2　取平底锅倒入色拉油加热，将三文鱼带皮的那面朝下放入锅中，小火慢煎，煎至一面上色再煎另一面，煎好后取出。

3　将平底锅中多余的油分擦拭掉。将洋葱丝、蟹味菇倒入锅中，撒点盐翻炒。待其变软后将三文鱼带皮的一面朝上放入。番茄罐头打开，先将里面的番茄捣碎，连同罐头中的汁一起倒入锅中，再加入A用小火炖煮15分钟。

4　用盐调味后，就可以出锅装盘了，最后撒上葱花。

21

冷藏可
保存3天

土豆炖鸡翅

用鸡翅来做土豆炖肉，就可不必预制高汤，非常方便。
重要的是一开始要把鸡翅煎出漂亮的微焦黄。
因为鸡翅煎出了香味后做出来的鲜美程度，跟不煎的鸡翅完全不同。

材料

鸡翅…10只

土豆…3个

胡萝卜…1/2根

洋葱…1/2个

荷兰豆…8根

A	水…400毫升
	酒…100毫升
	酱油…3大勺
	砂糖…2大勺

昆布（高汤用）…3克

色拉油…1大勺

做法

1　先将鸡翅关节处的翅尖部分切下，仅留翅中部分备用。土豆切大一点的滚刀块，胡萝卜也切滚刀块。半个洋葱切头去尾，纵刀切成均等的4瓣。荷兰豆去掉蒂和筋。将A调料混合好备用。

2　取一只大一点的平底锅，倒入色拉油加热，将翅中一一排入锅中煎制，等一面上色后再翻过来煎另一面，直到煎至两面微微焦黄。下入土豆块、胡萝卜块、洋葱块一起翻炒。待蔬菜均匀地裹上一层色拉油以后，将混合好的A调料和昆布（高汤用）加入，煮开后改小火，盖上盖子继续焖煮10分钟。

3　最后加入荷兰豆再煮5分钟即可。

重点提示

一开始煎鸡翅的过程非常重要，因为通过煎制的过程，可以让鸡肉的鲜美很好地保留在里面，所以需要慢慢地煎至上色。

昆布（高汤用）是和任何材料都能搭配的全能选手。在煮菜的时候加一点，便可跟肉类起到相辅相成的效果。

冷藏可
保存3天

24

蔬菜炖鸡腿肉

只需要把美味香浓的鸡肉和蔬菜放一起煮即可。
做出来分量又多，营养也均衡。
因锅类料理容易熟，做起来也快，所以也适合在忙碌日子里做。

材料

鸡腿肉…2块（250克×2）

大葱…1根

茼蒿…1/2把

白菜…1/6棵

鲜香菇…4朵

昆布（高汤用）…5克

A | 味醂…200毫升
　 | 水、酒、酱油…各100毫升

做法

1 平底锅不放油直接烧热，将鸡腿肉带皮那面朝下放入锅中，煎至上色后取出，晾凉，采用斜刀法切成一口大小的块。大葱切薄一点的斜刀段。茼蒿只摘取叶子部分备用。白菜切成方块状。将鲜香菇蒂最下端靠近泥土的部分切掉，然后切成4等份。

2 将A和昆布（高汤用）放入一个新的锅中烧开，将步骤1的材料依次放入，煮10分钟即可。

重点提示

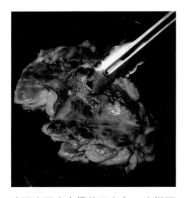

鸡腿肉要小火慢煎至上色，这样不仅能锁住肉的鲜美，还能将多余的脂肪通过煎的过程慢慢析出。注意在煎的时候只需煎带皮的一面即可。

冷藏可
保存3天

26

牛肉炖豆腐

这道菜只需一次性将食材全放进装有煮汁的平底锅里炖煮即可。

其他的食材会很好地吸收牛肉的浓醇鲜美。

无论从色觉还是味觉都能奏出绝美交响曲，最后加上贝割菜。

材料

牛肉…300克

烤豆腐…2块（300克×2）

魔芋丝…1袋（200克）

洋葱…1个

昆布（高汤用）…5克

A
| 水…300毫升 |
| 酒…150毫升 |
| 酱油…80毫升 |
| 砂糖…4大勺 |

贝割菜…1/2包

做法

1 将魔芋丝放入开水中焯1分钟，然后倒入滤筛控干水分，切成方便食用的长度。烤豆腐用厨房用纸稍稍吸干水分，对半切。洋葱切丝。牛肉也切成方便食用的薄片，放入开水中稍微烫至变色，然后取出放入滤筛，控干水分。

2 取平底锅放入A和昆布（高汤用）煮开，将步骤1中的食材按照种类排列放入锅中，每个种类占一个位置，尽量不要重叠。盖上盖子焖煮15分钟。

3 等到魔芋丝煮到颜色变深后关火，降至常温。吃之前热一热，装盘加上贝割菜即可。

冷藏可
保存3天

用锅来烹饪

蘑菇炖海鲜

放入虾和扇贝肉就能做出极上等的高汤。
当客人来访时，就算时间不充裕，只要有这道菜就能自信地拿来待客。
汤汁真的是太鲜美了，希望品尝的人也能喝到一滴不剩！

材料

虾（斑节对虾）…8只

扇贝肉（已焯过水）…8个

金针菇、杏鲍菇…各1包

鲜香菇…6朵

大葱…1根

昆布（高汤用）…5克

A 水…500毫升

酱油、味酥…各4大勺

做法

1 将虾去壳，并去掉背部的黑线。扇贝肉如果比较大就对半切。金针菇按其长度对半切。杏鲍菇用手撕开。鲜香菇将蒂末端近泥土的部分切掉，切成薄片。大葱打斜刀切薄段。

2 将A、昆布和步骤1中的材料放入锅中，煮5分钟即可。

冷藏可
保存3天

鲜美煮蛤蜊

做这道菜的诀窍是在煮蛤蜊的时候多放一点酒，可使菜肴做出来更鲜美入味。
加入昆布让效果相乘使得味道更香浓。
吸足了汤汁的圆白萝卜也会变得特别甘甜美味。

材料

蛤蜊（带壳）…400克

圆白萝卜…4个

盐…少许

A
- 水…600毫升
- 酒…100毫升
- 昆布（高汤用）…5克

B
- 生抽…2大勺
- 砂糖…1大勺

日本柚子皮❶…1/4个

做法

1　先将蛤蜊中的沙砾去除，然后用蛤蜊壳互相揉搓搓洗干净。圆白萝卜切成橘瓣型，其茎叶切成末，撒上点盐待其析出水分后用手挤干备用。

2　锅中放入蛤蜊和A，开火。待烧开后改小火，除去汤汁上的浮沫，等蛤蜊煮到开口后将蛤蜊从锅中盛出，去壳取肉。将圆白萝卜瓣和B调料倒入锅中，小火煮10分钟，等到圆白萝卜瓣煮熟，放入蛤蜊肉继续煮一会。

3.　出锅装盘，撒上已切成末的圆白萝卜叶和削成末的日本柚子皮即可。

---

❶ 译者注：日本柚子形状和大小类似于中国的橘子，色泽似柠檬，味酸，所以很少有人会把它当成水果来直接吃，一般都是用它的酸味和香味做调味料，比如柚子味噌、柚子胡椒、柚子醋等。因果皮有浓郁的香味，因此人们也常用其果皮来增添菜肴的风味。

第三章

肉类料理

多买一些一起烹饪
实惠的高汤食材做起来最开心

时间会让其更好地入味

搁在保存容器里放冰箱冷藏保存。随着时间的推移会变得更加入味好吃。

也可以大量制作后冷冻起来

生肉调味后直接冷冻保存。每次烹饪前请注意要彻底解冻后再用火加热。

痛快地做肉类料理是我最愉快的时光。

肉类料理要多做些才好吃。

所谓肉类料理，就是要涌出"我要吃"的感觉，产生想要一直吃到撑的那种欲望。所以最好每次多买些，然后一次性做好。这样调味也简单，价格也实惠。刚做好的当然是美味的，但诸如南蛮渍或炖菜这类，做好的第二天之后会更加入味、更好吃。如果觉得一次吃不完，可将多余的肉在调味后放冰箱冷冻储存。

吃肉的时光总是特别愉快的。比如大伙儿可能会一边吃着肉，一边讨论"我家的咖喱使用的是猪肉""我家用的是鸡肉"等这类话题，大伙儿也因有了共同话题而会变得更加融洽。

冷藏可保存3天

用锅来烹饪

白味噌煮圆白菜鸡肉丸

这道菜仅凭借食材本身的真味，就能达到既暖身又美味的效果。
在肉丸里放入洋葱泥是增加肉丸口感的秘诀。

材料

鸡肉糜⋯500克

洋葱⋯2个

圆白菜⋯1/2个

昆布（高汤用）⋯5克

白味噌⋯4大勺

A ⎰ 鸡蛋⋯1枚
  ⎱ 淀粉、酱油、味醂、砂糖⋯各1大勺
  ⎱ 盐⋯1小勺不到

B ⎰ 水⋯1.2升
  ⎱ 生抽、味醂⋯各60毫升

山椒粉⋯少许

小葱⋯5根

做法

1 圆白菜切大块，小葱切成葱花。

2 将洋葱擦成泥，然后用厨房用纸包裹住，把洋葱泥里多余的水分挤干后装入大碗中。再加入鸡肉糜和 A，搅拌均匀。

3 将 B 倒入锅中，放入昆布，开火加热，等烧开后将步骤2的鸡肉糜混合物用勺子挖出，做成圆形肉丸状放入锅中煮，大概做12～15个。等肉丸煮熟后取出。接着放入圆白菜煮熟。加入白味噌进行调味。将肉丸再次倒入锅中煮一下后关火。最后撒上葱花和山椒粉。

冷藏可
保存5天

用锅来烹饪

南蛮鸡胸肉

鸡胸肉价格实惠，我很喜欢它鲜嫩的口感。
无论是带皮炸，还是皮和肉分开炸，能享受两种吃法。
随着时间推移，蘸汁会更好地与肉融合变得更加美味，所以每次都会做好多。

材料

鸡胸肉…2块（250克×2）

洋葱…1个

胡萝卜…80克

青椒…2个

红辣椒…2根

昆布（高汤用）…5克

盐、胡椒…各少许

面粉…适量

A
水…600毫升
醋…300毫升
砂糖…6大勺
生抽…3大勺
盐…2小勺
柠檬汁…1个柠檬的量

油炸用油…适量

做法

1 先将洋葱、胡萝卜、青椒切成丝。红辣椒撕开去掉里面的瓤。将A倒进大碗里混合均匀，等到砂糖溶化后，放入洋葱丝、胡萝卜丝、青椒丝、红辣椒和昆布。

2 将鸡胸肉和皮分离，肉切成一口大小的方块形，皮也切成一口大小。撒上盐和胡椒，进行预调味。

3 将鸡胸肉裹上面粉。锅中放油加热至170℃，鸡胸肉炸3~4分钟，皮炸到酥脆。炸好后取出控干油，趁热放入步骤1准备好的蘸料中，盖上保鲜膜，放冰箱冷藏2小时以上，待其慢慢入味。

重点提示

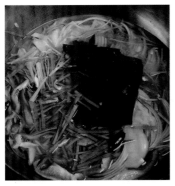

蔬菜和蘸汁先混合，最后加入昆布的南蛮酱汁做法，同样可使用在猪肉或鱼肉料理中。

冷藏可
保存5天

用平底锅烹饪

甜辣酱炒鸡翅

孩子们最喜欢裹着咸甜酱、滑嫩多汁的鸡翅膀。
大人们也可拿来作为下酒菜，和冰镇啤酒一起强强搭配。
做好后多盛一点在盘子里，大家一起痛快地啃吧。

材料

鸡翅…10只

淀粉…适量

A | 酒…2大勺
  | 盐…1/2小勺

B | 酒、酱油、味醂…各4大勺
  | 醋…2大勺
  | 砂糖…1大勺
  | 姜泥、蒜泥…各1小勺

粗磨黑胡椒…少许

熟白芝麻…1大勺

油炸用油…适量

做法

1 先用叉子将鸡翅扎上孔洞，将A混合好涂抹在鸡翅上，按摩一下帮助入味后静置5分钟。将翅膀上的水分稍稍擦干，均匀地裹上淀粉入170℃的油锅炸4~5分钟。

2 将B调料倒入平底锅，开火加热，待到酱汁变得稍浓稠时加入步骤1中炸好的鸡翅，一边煮到酱汁更加浓稠，一边翻炒让鸡翅均匀地裹上酱汁。最后撒上粗磨黑胡椒、熟白芝麻。

冷藏可
保存4天

白萝卜煮鸡腿肉

萝卜不切滚刀块，而是切成银杏块，这样可缩短煮制时间。
随着时间推移，白萝卜入味后会变得更加美味。
因此这道菜可能是次日会更加好吃。

材料

鸡腿肉…2块（250克×2）

白萝卜…1/2根

昆布（高汤用）…5克

A　┃ 水…600毫升
　　┃ 酒、酱油、味醂…各50毫升
　　┃ 砂糖…2大勺

红辣椒粉…少许

芝麻油…1大勺

贝割菜…1/3包

做法

1　鸡腿肉切成一口大小的块。白萝卜切1厘米厚的块。

2　锅中放入芝麻油加热，鸡腿肉一块块地将有皮的那面朝下放入锅中。待肉变色后加入白萝卜块，翻炒至白萝卜块全身裹上油之后，加入A调料和昆布，待烧开后去一下浮沫。盖上盖子焖煮20分钟。

3　出锅装盘，加上贝割菜，撒上红辣椒粉即可。

重点提示

白萝卜加入以后，一边颠一下锅一边炒，能让白萝卜更大面积地裹上鲜美的汤汁，白萝卜也会变得更加美味。

冷藏可
保存3天

和风煎肉饼

将香菇加进肉糜中，可以让这道菜变得更加美味。
不用面包粉而改用淀粉，来增加成品的鲜嫩度。
再佐以海苔味的蔬菜沙拉，口感清爽不油腻。

材料

混合肉糜…600克

鸡蛋…2枚

洋葱…2个

鲜香菇…2朵

酒…1大勺

盐…少许

粗磨黑胡椒…少许

A | 淀粉、酒…各1大勺
  | 盐、胡椒…各适量

色拉油…适量

B | 萝卜泥…4大勺
  | 味醂…2大勺
  | 酒、酱油…各1大勺

C | 水菜…1/2把
  | 烤海苔…1片（21厘米×19厘米）

D | 芝麻油…1大勺
  | 熟白芝麻、盐…各适量

做法

1 先做肉饼。平底锅倒入色拉油加热，洋葱和鲜香菇切丁倒进去翻炒。撒点盐继续炒至食材熟透，倒入方形金属托盘中让其散热。再跟混合肉糜一起倒入大碗里，加入A，鸡蛋也打下去，然后充分搅匀。手上先涂一点油，然后将肉糜混合物分成12等份，造型成圆饼形。

2 平底锅倒入1大勺色拉油，加热，将步骤1的肉饼排入锅中煎制。待一面煎到金黄色翻一下煎另一面。倒入酒，盖上盖子小火焖煎5分钟。

3 将肉饼盛出，用厨房用纸轻轻吸掉锅中多余的油分。下入B中的食材和调料，煮到浓稠。

4 将C中的水菜切成5厘米长的段，烤海苔撕成容易吃的一口大小，然后和D一起搅拌均匀。

5 将肉饼装盘，旁边留点位置放上步骤4中的配菜，淋上酱汁，撒点黑胡椒。

重点提示

肉饼的肉糜要充分搅拌混合到颜色有一点发白为止。若后面需要放冰箱冷冻保存的话，请将做成圆饼形的肉饼逐个用保鲜膜单独包好后放入。

蜂蜜柠檬煎猪里脊

蜂蜜有使肉变滑嫩的效果，哪怕变凉后也能保持弹性和鲜嫩，
用来制作便当也再合适不过。
柠檬和蒜的香味也特别能引起食欲。

材料

猪里脊肉（猪排专用）…6片

大蒜…2瓣

粗磨黑胡椒…少许

	蜂蜜…4大勺
A	酱油…3大勺
	柠檬汁…1只鲜柠檬的量

色拉油…1大勺

生菜…1/4个

柠檬…1个

做法

1　先用餐叉将猪里脊肉扎满孔。大蒜去皮切成
薄片。将猪里脊和蒜片放进密封袋里，然后
倒入 A，用手按摩一下帮助入味。放冰箱冷
藏室腌渍半天。

2　平底锅倒入色拉油加热。将步骤1腌好的猪
里脊肉取出，多余的酱汁和大蒜片不要，将
肉排列放入锅中煎制，煎熟一面翻过来煎另
一面，直到两面都熟为止。

3　盘子里垫上生菜，摆上刚煎好的猪里脊肉，
撒少许黑胡椒。柠檬切圆片后摆上即可。

冷藏可
保存3天

肉在煎之前，冷藏可保存5天。

用平底锅烹饪

洋葱烧牛肉

做这道菜只需将食材都放入平底锅即可。
这是一种很简便的牛肉盖浇饭浇头制作方式。
因为是先放洋葱再放牛肉，然后开火，
所以做出来的洋葱非常鲜甜，牛肉也香软可口。

材料

薄切牛肉片…400克

洋葱…2个

生姜…20克

酱油…5大勺

A   水…300毫升

    酒…200毫升

    砂糖…3.5大勺

山椒新芽…少许

做法

1   先将洋葱纵向对半切，然后横着切成丝。姜也切丝。牛肉片放滚水中焯一下，去掉浮沫后捞出放入滤盆中控干水分。

2   将洋葱丝、姜丝均匀地铺在平底锅中，牛肉片放在洋葱丝的上面，A 拌匀后加入，开火。待烧开后去掉浮沫，再煮5分钟。加入酱油，盖上盖子再焖煮10分钟左右。

3   煮到还剩下一点汤汁时关火，撒上山椒新芽。

请将做好的浇头放在米饭上享用！

冷藏可保存4天

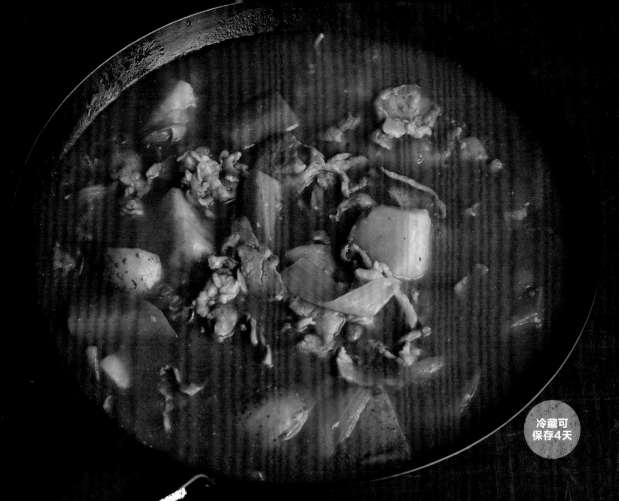

冷藏可
保存4天

用平底锅
烹饪

笠原家日式猪肉咖喱

说到我家的咖喱，肉一直是用薄切猪肉片。
不是用市售的咖喱块，而是用咖喱粉和其他食材一起炒制，
再加入味噌来增添菜的风味和口感。
因为做出来的酱汁异常鲜美，浇在乌冬面上吃味道非常棒。

材料

薄切猪肉片…400克

洋葱…1个

土豆…2个

胡萝卜…1根

大蒜…1瓣

生姜…10克

咖喱粉、水淀粉…各3大勺

盐、胡椒粉…各少许

A
高汤…1.5升

酱油…3大勺

味酥…2大勺

味噌、砂糖…各1大勺

色拉油…2大勺

做法

1　将洋葱切成橘瓣形。带皮土豆和胡萝卜都切滚刀块。大蒜和生姜擦成泥。

2　平底锅里放入色拉油加热，倒入猪肉片翻炒，撒上盐和胡椒粉。待到变色后加入步骤1的材料，翻炒均匀。待到食材都均匀地裹上油脂以后，撒上咖喱粉，翻炒至能闻到咖喱香为止。

3　加入 A，煮制15分钟，待到所有食材都煮熟后，将水淀粉倒入锅中，以增加汤汁的浓稠度。

煮鱼的诀窍

鱼比较容易煮散,所以在煮的时候尽量
不要去碰它们,让它们重叠在一起。
选择平底锅等广口锅为好。

盖上锡纸煮,里面的汤汁会对流,哪
怕很少的汤汁,味道和热度都能很快
地渗入鱼中。

第四章

鱼类料理

使用的是已切好的鱼块,
不用事先进行腌渍调味。
这应该算是制作起来最不费事
的料理了。

实际上鱼类料理就是这么简单。

　　说到鱼,可能在您的脑海中只会浮现出煮鱼或盐烤这两大烹饪方式吧!于是心里不由自主地对鱼类敬而远之。但您可能又会说:不会不会啊!现在超市也有卖我喜欢的鲭花鱼。鱼贝水产类的食材都比较容易熟,所以烹饪起来不费时。如果想大量制作的话,和其他食材一起煮味道也会很鲜美。或稍微腌渍一下烤着吃,就算是特卖品的鱼块也可以变身成奢侈的一品佳肴哦!

　　如果硬要说有什么,那就是烹饪前的准备工作特别重要。比如用霜降法❶可以很好地除去鱼腥味,还可烫除鱼身的浮沫和多余油脂。如果可以,在烹饪鱼类料理之前,请一定要做好这道工序。

---

❶ 译者注:霜降法是指用开水淋在鱼肉上,去除其腥味、污渍、浮沫和多余油脂的方法。有了这道工序,煮鱼的话,鱼肉不易散碎,烹饪出来的鱼类料理,由于少了腥味,味道和口感也都会更好。

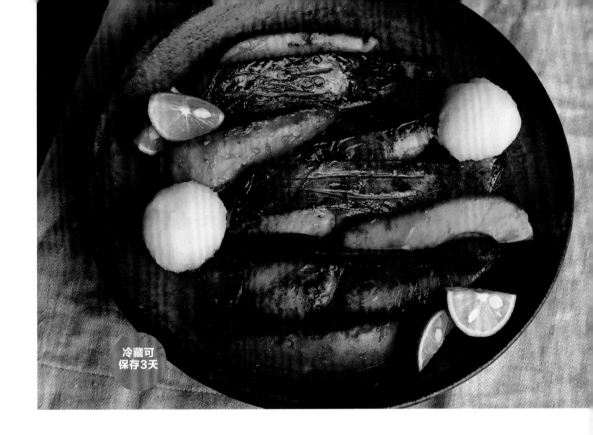

冷藏可
保存3天

用平底锅
烹饪

牛油果烧鲳鱼

在腌渍的时候加入日本柚子，会使普普通通的鱼块变成难以抵挡的美味。
牛油果烤着吃也特别软滑香浓，跟酱油的味道也搭，作为配菜能让人耳目一新，
这是一道特别棒的待客佳肴。

材料

鲳鱼…4大块

日本柚子…1/2个

牛油果…1/2个

A｜酒、酱油、味醂…各4大勺

色拉油…1大勺

白萝卜泥…4大勺

醋橘…1个

做法

1   将鲳鱼带皮的一面切出几道口子，方便入味，平
    铺在方形托盘中。牛油果去皮去核，纵向切成4等
    份备用。日本柚子切圆片，然后挤出汁水，倒入A
    调料中，拌匀后浇在鱼身上，把挤了汁水的柚子
    片也放上。盖上厨房用纸让鱼肉腌渍30分钟。

2   平底锅加入色拉油，用小火加热，将鲳鱼块从托
    盘中取出，用厨房用纸擦拭一下鱼身上的酱汁，
    将鱼皮面朝下，排放入锅中煎制，待到鱼肉变色
    后翻过来煎另一面。在锅中空的地方放入牛油果
    块，继续煎一下。直到煎至所有食材都微微焦黄。

3   待到全部上色后，倒入步骤1中的腌渍酱汁，一
    边加热一边让酱汁均匀地包裹住鲳鱼块和牛油果
    块。关火，装盘，添上白萝卜泥和醋橘。

冷藏可
保存4天

梅子味噌煮鲭花鱼

用平底锅烹饪

鲭花鱼的口感和梅子非常搭。索性在做鲭花鱼味噌煮时试着加了点进去，
味噌的风味完全被激发出来，口感也变得清爽可口，真是加得太对了。
因为这道菜耐于储存，所以推荐将6大块鱼块放在一起烹饪，既省时又省力。

材料

鲭花鱼…6大块

茄子…3个

生姜…1块（20克）

梅干…8个

A
水…500毫升
酒…100毫升
味噌…5大勺
砂糖…3大勺
酱油…1大勺

青紫苏叶…5片

做法

1　将鲭花鱼块带皮的一面划出间隔1厘米的刀口，
方便入味。用霜降法处理一下鲭花鱼。茄子去
皮，纵向切成4等份。生姜去皮切薄片。

2　将A里除味噌以外的材料，都放入平底锅混
合均匀。将味噌放在漏勺中，一边用筷子搅
拌一边加入汤汁。将鲭花鱼块排放入锅中，
锅里空的地方放入茄子块、生姜片和梅干。
然后开火，煮到沸腾后撇去浮沫。盖上盖子
再煮10分钟，打开盖子，取出鲭花鱼块。然
后将汤汁煮到原来一半的量即可。

3　在盛有鲭花鱼块的盘子里，浇上稍浓稠的汤
汁，把青紫苏叶切丝后装饰在最上面。

重点提示

在开火之前加入梅干，不仅能增加
这道菜的风味和耐储存度，还能有
效地去除鱼的腥味，梅干是和鱼类
非常搭配的食材。

冷藏可
保存3天

用平底锅烹饪

鲕鱼煮牛蒡

鲕鱼和萝卜是众所周知的人气搭配，而鲕鱼和牛蒡放在一起烹饪的味道也很棒。
在快出锅时记得用大火收汁，让鲜美的酱汁完全包裹住料理。
最后加上日本柚子皮和小葱，增加这道菜的清爽口感和香气。

材料

鲕鱼…6大块

牛蒡…250克

昆布（高汤用）…5克

A
水…600毫升
酒…100毫升
酱油…50毫升
味醂、砂糖…各2大勺

小葱…5根

日本柚子皮…1/4个

做法

1　牛蒡切成5厘米长的滚刀块，冷水下锅焯一下，待其变软后取出控干水分。鲕鱼切成一口大小后用霜降法处理一下，然后控干水分。

2　取一只平底锅，放入步骤1中的材料、A、昆布后开火，待烧开后撇去浮沫，盖上盖子焖煮10分钟。打开盖子，火改大一点，用勺子一边舀着汤汁，一边浇在鱼肉上，大概煮5分钟。待到汤汁变浓稠后关火。

3　装盘，将小葱切成5厘米长的段加上，日本柚子皮擦成碎后撒上。

重点提示

鱼肉如果加热时间过长的话，容易变硬，所以要尽量缩短加热的时间。事先将牛蒡焯水也是这个原因。

冷藏可
保存3天

生姜烧剑鱼

剑鱼的肉在制作时不容易散，是比较容易烹饪的鱼。
这次让剑鱼代替了猪肉，做了生姜烧，超好吃。
因为鱼肉味道清爽，要多蘸一点面粉让其能更入味，
这样吃起来味道和口感都会超满足。

材料

剑鱼…3~4大块
洋葱…1个
面粉…3大勺

A | 酒、味醂、酱油…各3大勺
  | 蜂蜜…2大勺
  | 姜蓉…1小勺

粗磨黑胡椒…少许
色拉油…3大勺
圆白菜…1/4个
樱桃番茄…4个

做法

1 圆白菜切细丝。洋葱切丝。剑鱼切成一口大小的块，将鱼块放入面粉中滚一下，让其表面均匀地裹上面粉。将A混合均匀备用。

2 在平底锅中倒入1.5大勺的色拉油，将剑鱼块放入锅中煎到表面微焦黄并变脆后取出。用厨房用纸擦一下锅中多余的油分，再倒入1.5大勺色拉油加热，下入洋葱丝炒至变软。

3 将煎好的剑鱼块倒回锅中，倒入A后翻炒至收汁。装盘，加上圆白菜丝和樱桃番茄。最后撒上粗磨黑胡椒。

冷藏可
保存3天

葱花盐腌章鱼

用醋和加倍量的芝麻油、少许味醂就制成了在日本餐桌上无比活跃的腌泡酱汁。
因为可以用于各种食材,所以只要记住了此料理的制作方法,将来就方便了。

材料

焯过水的章鱼腿…2根(150克)

大葱…1/2根

小葱…5根

熟白芝麻…1大勺

粗磨黑胡椒…少许

樱桃番茄…6颗

(如果可以的话红和黄各3颗)

A
芝麻油…100毫升
醋…50毫升
味醂…2大勺
盐…1小勺

做法

1 先将大葱和小葱都切末,和A混合均匀。

2 章鱼切成一口大小的块,放入保存容器里。加入步骤1中的材料。撒上熟白芝麻和粗磨黑胡椒,樱桃番茄每个竖着切成4等份也加入。

以下食材也适合做这道菜

做起来超简单,吃起来却是人间美味。除了章鱼,还可以用鱿鱼、鲜贝肉、焯过水的虾肉等,只要是鱼贝类的都可以。用鸡胸肉做出来也很鲜嫩美味。蔬菜的话,像是彩椒等色彩鲜艳的尤其推荐,您也可以发挥自己的想象进行搭配,并享受愉快的制作过程。

冷藏可
保存4天

用锅来烹饪

芋头煮鱿鱼

这道菜是以乡下祖母的烹饪方法为蓝本想出来的。
芋头不用焯水，而是直接煮，煮出来浓稠的芋头汤包裹着其他食材，味道特别暖心。
朴素的料理能让人心情放松愉悦，我想也正是因为在制作过程中没有思想包袱，
才能做出美味可口的料理。

材料

鱿鱼…2只
芋头…6个

A
高汤…400毫升
酒…100毫升
酱油…3大勺
砂糖…2.5大勺

日本柚子皮…少许

做法

1 将鱿鱼的腿拔出来，去掉内脏，身体部分带皮切成1厘米宽的圆圈状，腿每两根连着作为一组切开。芋头去皮切成一口大小的块。

2 锅中放入步骤1中的材料和A，煮开后盖上盖子再煮15分钟。

3 当芋头块煮到用竹扦可以穿透时，改大火收汁，待汤汁收到满意的浓稠度时关火。出锅装盘，日本柚子皮切成细丝后撒上即可。

重点提示

跟鱿鱼一样，芋头也只是洗了洗就可以放进汤汁里煮了，并未事先焯水，因此芋头本身的黏稠且浓厚的风味都煮到了汤汁里，很是美味。

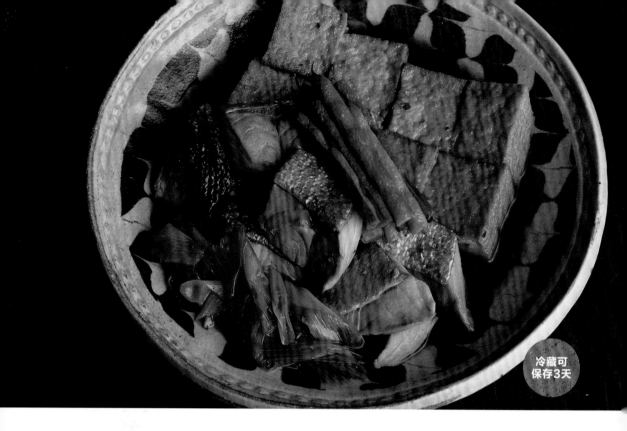

冷藏可
保存3天

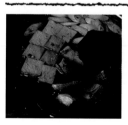

厚油豆腐煮三文鱼

因为三文鱼和任何食材都很搭，所以一起煮会很方便。
加入豆瓣酱的话，味道就会变成微辣的口感。
无论是父亲晚上的小酌，还是搭配孩子们长身体的米饭，都是超棒的。

材料

生三文鱼…4大块

厚油豆腐…1块（200克）

大葱…1根

青刀豆…6根

昆布（高汤用）…5克

A
| 水…600毫升 |
| 酱油、味醂…各3大勺 |
| 砂糖…1大勺 |
| 豆瓣酱…1小勺 |

做法

1　将大葱斜切成1厘米厚的段。青刀豆对半切。厚油豆腐切成一口大小的块。生三文鱼切成3等份。用霜降法事先处理一下，然后放在滤盆里控干水分。

2　平底锅中放入大葱段、厚油豆腐块、生三文鱼块、A、昆布后开火。待烧开后盖上盖子焖煮10分钟。再加入青刀豆，煮5分钟即可。

重点提示

不用事先准备高汤料，只需要在煮之前加入昆布，其鲜美度就会渗入所有食材里。因为青刀豆容易熟，所以放入的时间要和前面的食材有一个时间差。

第五章

蔬菜料理

用大量的蔬菜做成副菜常备着，
在需要的时候，就可以拿来用了。

把蔬菜用光的一个方法，就是把它做成我们常吃的副菜。

对任何事物都是如此，提倡节约、避免浪费。

因此从超市买来的蔬菜，量多了的话只要做成副菜就可以消耗掉它，不会造成浪费。

蔬菜最重要的是讲究食材的搭配和调味，

比如说将茄子和虾配在一起就很好，

煮过的竹笋适合味道重一点的调味，等等。

用已调味的罐头、鲜美的鱼子进行菜肴的调味也是一种好方法。

如果事先准备好足量的副菜，在需要的时候总是能派上用场的。

直接吃当然没问题，若作为鱼和肉等的配菜也很不错。

在发愁会不会做得太多的时候，可能一下子就会被吃光哦！

冷藏可
保存3天

 用大碗来制作

凉拌豆腐红椒

豆腐包裹住的白色外衣拌入鲜奶油，会让这道菜风味绝佳。

材料

彩色甜椒（红）…2个
木棉豆腐…1块（约300克）
盐…少许
A | 生抽、砂糖、鲜奶油…各2小勺

如何更好地制作凉拌菜

　　菠菜等青菜在凉拌前焯水时可以加一点调味料，这样做出来会更入味好吃。水分相对较少的水果也很适合拿来做凉拌菜。

做法

1　木棉豆腐用厨房用纸包裹后压上稍微重一点的物品，静置30分钟待其析出水分后控干水。

2　用叉子扎入彩椒蒂的部分，将其放在炉灶上直接用火烤到焦黑，烤好后放入冷水中剥去其烤焦的黑色外皮；纵向对半切，先去掉里面的瓤，然后切成一口大小的片。撒上点盐。

3　将木棉豆腐放入一个大碗中，用打蛋器将其压碎，将A倒入碗中搅打至顺滑。最后加入彩椒片拌匀即可。

冷藏可
保存2天

 用大碗来制作

秋葵裙带菜拌小沙丁鱼

凉拌菜的制作步骤简单，且营养丰富，对身体也好，是特别受欢迎的配菜。
抹上盐以后的蔬菜会析出水分，因此最后一个步骤的混合搅拌工作，
应放在即食前为好。

材料

秋葵…8根
裙带菜（盐渍）…60克
小沙丁鱼…20克
盐…少许

A | 芝麻油…2大勺
  | 生抽、味醂…各1大勺

做法

1 秋葵加一点盐，然后互相搓一下，去掉表面的
  一些茸毛，入水焯一下后放入冰水中冷却；捞
  出，擦掉表面的水分，切成一口大小的块。裙带
  菜用水泡开之后捞出，控干水分，切成适当大小
  的片。

2 取一个大碗倒入A搅匀，加入步骤1中的食材和
  小沙丁鱼拌匀即可。

冷藏可
保存3天

用大碗来制作

莲藕明太子沙拉

将莲藕焯过水再切是莲藕不易切碎的小窍门。
绿色的青紫苏叶和红色的明太子，
颜色搭配出来的菜肴也是非常漂亮的。

材料

莲藕…2节（360克）

辣味明太子…60克

青紫苏叶…5片

醋…1大勺

盐…少许

A　芝麻油…2大勺
　　味醂…1大勺
　　酱油…1小勺

做法

1　莲藕削皮后清洗干净，水煮开后加点盐和
　　醋，放入莲藕煮5分钟；捞出切成1厘米厚
　　的圆片状。如果藕太大，可以先对半切再
　　切半圆形片状。

2　将切好的莲藕片放回到步骤1的开水中再煮
　　5分钟，捞出放入滤盆控干水。将青紫苏叶
　　用手撕碎备用。

3　大碗中放入明太子，将其弄散和A搅拌均
　　匀。然后加入步骤2中的材料，拌匀即可。

冷藏可
保存2天

 用大碗制作

海苔拌杂蔬

这是强香型蔬菜的组合。
茼蒿只使用柔软的叶子部分，给人柔和的食用感。
茼蒿的梗还可以留着拿来做汤或炒菜用。

材料

茼蒿…1把

鸭儿芹…1把

大葱…1根

海苔…15 片

A
| 芝麻油…2大勺
| 酱油…2小勺
| 味醂…1小勺
| 红辣椒粉…少许

熟白芝麻…1大勺

做法

1　将茼蒿洗净只摘取叶子的部分。鸭儿芹切成5厘
米长的段。大葱斜切薄片。

2　将步骤1中的蔬菜全部泡在水中搅匀，然后取出
控干水。

3　将A倒入大碗中混合均匀，将茼蒿叶，鸭儿芹段，
大葱片也倒入，再将海苔手撕成合适的大小加入
拌匀。

4　装盘，撒上熟白芝麻。

用平底锅
烹饪

茄子樱花虾田舍煮

茄子和虾在和食料理中是常搭配在一起的绝佳组合。
所以将茄子和樱花虾放一起煮是极品美味。
制作这道菜无须使用高汤，所以只要记住了这个做法，
以后做其他菜也能举一反三，特别有用。

材料

茄子…5个

樱花虾…10克

昆布（高汤用）…5克

A
水…400毫升
酱油…2大勺
砂糖…1大勺

色拉油…2大勺

茗荷…2个

做法

1 茄子先纵向对半切，然后将茄子皮表面打斜刀划
　出5毫米间隔的口子，注意不要切断，之后横向
　对半切开。茗荷打横切成薄的圆片状。

2 在平底锅中倒入色拉油加热，放入切好的茄子翻
　炒，待油脂均匀地渗入茄子中时，放入樱花虾，
　翻炒均匀。

3 加入A和昆布，盖上盖子焖煮10分钟。

4 煮好后关火。待其自然冷却。装盘，添上茗荷片。

冷藏可
保存5天

用平底锅
烹饪

黄油煮南瓜

如果一般的炖菜吃腻了，可以改变一下试着做做别的。
这道菜将南瓜的酥软甘甜和黄油浓郁的奶香巧妙地结合在一起。
黑胡椒更增添了这道菜的美味。

材料

南瓜…1/2个（约400克）

黄油…15克

A ｜ 水…400毫升
　 ｜ 味醂…2大勺
　 ｜ 盐…1/2大勺

粗磨黑胡椒…少许

做法

1 将南瓜切成一口大小的块，皮不全削，削一部分
　 留一部分。

2 起一个平底锅，将切好的南瓜块皮朝下依次排入
　 锅中，加入 A 后开火。煮沸后盖上盖子焖煮10分
　 钟。待到南瓜块煮熟后开盖加入黄油，煮到汤汁
　 收干。

3 装盘，撒上粗磨黑胡椒即可。

冷藏可
保存5天

用平底锅
烹饪

蘑菇沙拉

这是用各种菇类制作的一款沙拉。
味噌和核桃仁可以让这道菜变得更加美味，拿来当下酒菜也甚好。
随着最后的冷却过程，沙拉会变得更加入味好吃。

材料

蟹味菇…1盒

金针菇…1袋

杏鲍菇…1盒

鲜香菇…4个

核桃仁…30克

盐…少许

A 醋…2大勺
味噌…1大勺
砂糖…1/2

色拉油…1大勺

做法

1　将蟹味菇、金针菇用手一根根分开。杏鲍菇用手撕开。鲜香菇切成5毫米厚的片。核桃仁用菜刀拍碎，放入平底锅干炒出香味后取出。

2　还是同一个平底锅，倒入色拉油加热，放入所有菇类，撒点盐翻炒。加入A继续翻炒，待菇类都变软、熟了以后关火。移到一个容器里待其自然冷却。装盘，撒上碎核桃仁。

冷藏可
保存2天

鱼子酱菠菜鸡蛋沙拉

因鱼子酱里凝聚了盐分和鲜美的味道，
所以只要有它就决定了这道菜的味道会非常棒。
看起来也很豪华，用来宴请客人再好不过。

材料

菠菜…1把

水煮蛋…3个

鱼子酱…40克

盐…少许

A
芝麻油…2大勺
味醂…1大勺
盐…1/2小勺

做法

1　菠菜切掉根部，放入已加入盐的滚水中迅速
焯一下，然后捞出放入滤盆控干水，再丢到
冰水中浸泡后捞出挤干水分，切成3厘米长的
段。水煮蛋剥壳后切小丁。

2　取一只大碗，放入A搅匀后再加入步骤1中的
材料拌匀。装盘，撒上鱼子酱即可。

冷藏可
保存4天

用平底锅烹饪

火腿竹笋沙拉

这是一道口感愉悦且很有嚼劲的沙拉,
芝麻油和蛋黄酱也使这道菜别具风味。
由于煎的上色度会影响美味度,所以煎的时候记得要把竹笋煎出漂亮的颜色。

材料

竹笋(水煮)…2个(约200克)

火腿…10片

盐…少许

A
| 蛋黄酱…3大勺
| 酱油、味醂…各1小勺
| 山椒粉…少许

芝麻油…2大勺

山椒嫩芽…少许

做法

1 将竹笋的根部切成半月形,穗部切成菱形,冷水下锅焯5分钟,捞起放入滤盆控干水分。火腿片先对半切,然后切成3毫米宽的细丝状。

2 平底锅倒入芝麻油加热,倒入竹笋块,用筷子时不时压一压竹笋块,使其两面煎至微微焦黄。然后撒一点盐炒匀后出锅。

3 将A放入一个大碗中拌匀,再加入火腿丝和炒好的竹笋块,搅拌均匀后装盘,撒上山椒嫩芽即可。

水煮竹笋的烹饪方法

水煮竹笋会带有一股子涩味,我们可以用补足烹饪法把竹笋做得很美味。比如可以用咖喱粉炒,或裹上面粉油炸。

重点提示

煎的时候记得放多一点芝麻油,这样就不用频繁地翻动竹笋块,也能煎出漂亮的焦黄色。芝麻油的香味很棒,能很好地促进食欲。

冷藏可
保存2天

用大碗来制作

萝卜丝扇贝罐头沙拉

方便又快捷的水煮扇贝肉罐头。
因其汤汁鲜美，烹饪时可将扇贝肉和汤汁全部加入菜肴。
再加一点芥末酱，口味会更加清爽。

材料

白萝卜…1/2根

贝割菜…1包

扇贝肉水煮罐头…1大罐（170克）

盐…少许

粗磨黑胡椒…少许

A
芝麻油、醋…各2大勺
生抽…1大勺
砂糖…1小勺
芥末酱…1/2小勺

做法

1　白萝卜切成5厘米长的丝状，撒上盐静置10分钟，待其析出水分后将水分挤干。贝割菜切去根部，再横着对半切。

2　将扇贝肉和罐头里的汤汁一起倒入大碗。加入A后拌匀。加入白萝卜丝和贝割菜，继续拌匀。

3　装盘，撒上粗磨黑胡椒。

白萝卜全身是宝，应将其全都物尽其用

　　我认为白萝卜没有一个地方是不可用的。买来一根后，可以先将其尖端、中间部分和叶子切分开。尖端可用来做白萝卜泥；中间部分形状好，大小也合适，可用来做炖菜或关东煮；叶子可以做成炒菜或沙拉。白萝卜皮还可以切成细丝做成金平料理。

冷藏可
保存3天

用大碗来制作

胡萝卜沙拉

随着时间的推移，胡萝卜会变得越软越入味。
既可拿来做父亲的下酒菜，又可做肉类或鱼类的配菜……
多做一些总能派上用场，这是一道特别简单的沙拉。

材料

胡萝卜…2根

A
蛋黄酱、醋…各2大勺
砂糖…2小勺
盐…1小勺
黄芥末酱…1/2小勺

熟黑芝麻…适量

做法

1　将胡萝卜切成2~3毫米粗细的丝。

2　将A倒入大碗中混合均匀，加入胡萝卜丝，
　　静置到胡萝卜丝有点变软。

3　装盘，撒上熟黑芝麻。

冷藏可
保存4天

高汤豆芽榨菜

榨菜味道鲜美，跟什么都很搭，是非常棒的食材。
所以这次用了2袋豆芽，想多做一些。
做好后还可拿来做日式拉面的浇头，多盛上一点配合拉面吃也很美味。

材料

豆芽…2袋

榨菜…100克

A | 高汤…400毫升
  | 酱油、味醂…各2大勺

做法

1 将豆芽洗一洗，榨菜切成 2～3 毫米粗细
  的丝。

2 取一个大一点的锅，放入 A 和榨菜丝，开
  火。煮开后再加入豆芽，然后迅速关火。
  待其自然冷却后，装盘。

冷藏可
保存3日

用锅来烹饪

高汤绿蔬

做高汤绿蔬的诀窍在于：蔬菜要在降温后放入高汤。
只有这样，蔬菜才能呈现出鲜艳好看的色彩。

材料

绿芦笋…6根
青刀豆…10根
荷兰豆…20根
盐…少许
A 高汤…500毫升
　 生抽、味醂…各2大勺
木鱼花…5克

做法

1 在锅中放入A后开火。煮开后马上关火，让其降温至不烫手为止，移至方形金属托盘中。

2 将绿芦笋最靠近根部的地方切掉，然后将其从根到总长1/3处的硬皮削掉。青刀豆去蒂。荷兰豆去筋。

3 锅中水烧开后加一点盐，将步骤2的食材按种类分开，依次放入开水中焯一下，然后捞到滤盆中控干水。注意不要将蔬菜焯得太软。焯好后让其自然冷却即可。

4 将步骤3中的食材放入步骤1的托盘中，盖上保鲜膜，放冰箱冷藏2小时以上。吃的时候可以切成合适的大小再装盘，撒上木鱼花即可。

永不失败的高汤绿蔬制作诀窍

诀窍在于不能将食材焯过头，既要留有嚼劲又不能留水分。蔬菜焯好后要尽量将蔬菜上的水分挤干，用1/3的高汤先浸泡一下再拧干。最后将蔬菜放到剩余的高汤中，这样制作就不会失败。若是菌菇类，只需煮一下即可。

冷藏可
保存3日

芜菁鸡柳沙拉

这道沙拉将芜菁和叶子都用上了，不仅色彩漂亮，吃起来口感也好。
叶子切得比较小，让不怎么爱吃叶子的人也很容易食用。
蜂蜜的温润甘甜使得这道菜特别美味。

材料

芜菁⋯3个
鸡柳⋯3块（50克×3）
盐⋯适量
粗磨黑胡椒⋯少许

A
芝麻油、醋⋯各2大勺
蜂蜜⋯1大勺
盐⋯1/2小勺

做法

1 先将芜菁切成橘瓣形，撒点盐，待其出水后
将水分挤干；茎和叶切丁，同样撒上盐，待
水分析出后将其拧干。

2 起锅烧水，水开后加点盐，鸡柳块去掉筋后
入沸水焯一下，待其变色后关火，让其在开
水中静置5分钟。然后取出放入冷水中，待
其降温后取出控干水，用手将其撕成小条
备用。

3 大碗中倒入A混合均匀，再将步骤1和步骤
2中的食材依次加入搅拌均匀。装盘，撒上
粗磨黑胡椒。

灵活运用食材的特性，根据创意自由地想菜单。

比如将纳豆和羊栖菜、豆腐和魔芋进行搭配，这几种食材应该有一种能在您的厨房里找到吧！因为这些食材都是耐储存且方便的食材，热量低，营养也丰富，跟菜肴也有着千丝万缕的关系。

只要活用这些食材的各种特性，就能广泛地发挥它们的特长。比如豆渣源于大豆，因此无论是跟肉还是跟鱼这些有鲜味的食材搭配在一起都很合适。羊栖菜和干萝卜条等干货跟油类很搭，无论是拿来做沙拉，还是跟荞麦面一起炒，又或是放在意大利面里都很合适。如果吃腻了一成不变的炖菜，则可以用这些干货和方便食材，创新做出更棒的菜单。

第六章
干货和方便食材的料理

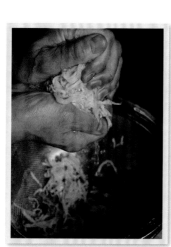

干货最重要的是要泡够水，让其恢复到原状，然后再控干水分。

控得越干或挤得越干，后面制作时食材就更易吸入汤汁的味道，变得更鲜美，无论是味道，还是吃的感觉都会更上一层楼。所以哪怕费一些时间，也要尽量把食材的水分控干或挤干。

像是厚油豆腐、竹轮、炒豆渣、各类干货等，
现在年轻人都不怎么爱吃了，
所以我现在想把日本自古就有的这些食材
再做一个回顾！

冷藏可
保存3天

 # 梅干煮魔芋

把普通的魔芋块做成翻转螺旋形的手网魔芋，
做出来的菜肴会更容易入味，所以虽然麻烦，但希望一定要做这个步骤。
梅干作为调味料也能很好地发挥出作用。

材料

魔芋⋯2块（150克×2）

梅干⋯8个

A | 高汤⋯300毫升
  | 酱油、砂糖⋯各2大勺

熟白芝麻⋯少许

做法

1   将魔芋块先切成7～8厘米厚的长条状，将长条上下都留出2厘米不切断，仅切中间部分，将魔芋条的一头穿过中间的洞，扭成类似麻花状，做成手网魔芋。

2   将步骤1处理好的魔芋条投入锅中，加水没过魔芋条，开火，等煮开后再煮5分钟。将魔芋条和开水一起倒入滤盆中，控干水。

3   将魔芋条再倒回步骤2的锅中，将A、梅干加入后开火，煮开后再继续煮10分钟关火。待其自然冷却入味，装盘撒上熟白芝麻即可。

冷藏可
保存3天

用平底锅
烹饪

盐昆布炒魔芋丝

做这道菜的秘诀是要让盐昆布的鲜美紧紧包裹住魔芋丝，
因此要炒到没有一点汤汁为止。
再加上开胃的红辣椒，吃起来特别下饭。

材料

魔芋丝…2袋（180克×2）

胡萝卜…1/2根

青刀豆…8根

盐昆布…10克

A
| 酒…3大勺
| 酱油…1大勺
| 味醂…1大勺

红辣椒粉…少许

芝麻油…2大勺

做法

1 将魔芋丝放入锅中，加水没过魔芋丝后开火，煮开后再
   煮5分钟。魔芋丝全部倒入滤盆中控干水，切成方便吃
   的段。

2 胡萝卜切成2毫米粗的细丝。青刀豆去掉蒂和梗切成
   3等份。

3 锅中倒入芝麻油，将步骤2中的食材倒入翻炒。待食
   材变软后加入步骤1的魔芋丝、A、盐昆布，翻炒到汤
   汁变干，关火。最后撒上少许红辣椒粉。

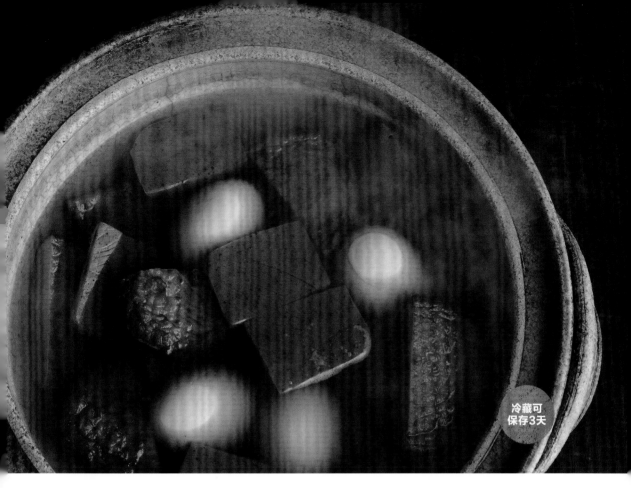

冷藏可
保存3天

简易版关东煮

这道菜仅用了当时家里的三种食材来制作，魔芋、鸡蛋、炸鱼肉饼，属于简单版本的关东煮。
做好后让其自然冷却一次，吃之前再热一下，这样会更加入味。
轻松地制作，当作配菜来吃，按照自己的喜好做出的关东煮也很不错。

材料

魔芋…2块（150克×2）

煮鸡蛋…4个

炸鱼肉饼…4片

A
| 高汤…1升
| 生抽…50毫升
| 味醂…50毫升
| 砂糖…1大勺

做法

1　将魔芋块正反两面各划出深3毫米的网状口子，方便后面入味，并切成一口大小。放入锅中，加水没过魔芋块，开火。待煮开后再煮5分钟。倒入滤盆控干水。炸鱼肉饼也切成一口大小，放入煮开的水中焯一下，去除表面的油脂。

2　将A、步骤1的材料和煮鸡蛋放入锅中，开火。待煮开后再用小火煮20分钟。让其自然冷却入味。等到要吃时再热一下。装盘，可根据喜好加入黄芥末酱等。

冷藏可
保存2天

用平底锅烹饪

厚油豆腐煮肉糜

厚油豆腐久煮不易散，用起来也百无禁忌。
和鸡肉糜一起炖炒，做出来的量也多。
还可以盛在米饭上，当作盖饭来吃。

材料

厚油豆腐…2块（200克×2）

鸡肉糜…150克

大葱…1根

A | 高汤…300毫升
A | 酱油、味醂…各2大勺
A | 砂糖…1/2大勺

做法

1　将大葱横着切成薄片。厚油豆腐切成一口大小的块。

2　平底锅加热，放入鸡肉糜翻炒。待肉散开后，加入切好的葱片继续翻炒。

3　加入厚油豆腐块和A，继续翻炒均匀，小火煮10分钟后关火。待其自然冷却入味。吃的时候再热一下即可。

冷藏可
保存2天

用平底锅
烹饪

纳豆茗荷煎油豆腐

将纳豆包进煎到脆脆的油豆腐里。
作啤酒的下酒菜，既省时又快捷，吃的人也欢喜。
因为凉了也美味，所以用来做便当的菜肴也是不错之选。

材料

油豆腐…3片

纳豆…2盒

茗荷…2个

A
酱油…1大勺
味醂…1小勺
熟白芝麻…1大勺
黄芥末酱…1/2小勺

青紫苏叶…6片

做法

1　将茗荷横向切成薄片。油豆腐对半切，就成了袋子
　　的形状。

2　将纳豆、茗荷、A放入一个大碗中，搅拌均匀后分
　　成6等份，塞进油豆腐的袋子里。

3　平底锅热一下，将油豆腐放入锅中煎到两面微焦
　　黄。出锅跟青紫苏叶一起摆入盘中。

冷藏可
保存2天

用平底锅
烹饪

香煎木棉豆腐

这是一道用打散的生鸡蛋和刨好的木鱼花做成外皮后煎出的一道菜肴。
外皮木鱼花的香气和脆脆的口感，跟里面鲜嫩的豆腐形成完美的搭配。
姜蓉、酱油和醋橘更增添了这道菜的清爽口感。

材料

木棉豆腐…2块（300克×2）

打散的生鸡蛋…1枚

刨好的木鱼花…20克

面粉…适量

色拉油…2大勺

醋橘…1/2个

酱油…少许

姜蓉…1大勺

做法

1　用厨房用纸包裹住木棉豆腐，在上面压上稍微重
　　一点的物品，放置30分钟，待木棉豆腐出水后
　　控干水分。将木棉豆腐切成一口大小的块，依次
　　裹上面粉、打散的生鸡蛋液、刨好的木鱼花。

2　平底锅倒入色拉油加热，将步骤1做好的木棉
　　豆腐块放入锅中，将木棉豆腐块的所有面煎至
　　表皮香脆。

3　装盘，加上醋橘、酱油和姜蓉。

用平底锅烹饪

豆腐葱花厚蛋烧

这是一道使用平底锅煎成圆形，并放入豆腐的厚蛋烧。
做这道菜时豆腐要彻底控干水分，这样做出来口感才会松软。
为体现出食材的自然本味，调味需尽量简单。

材料

鸡蛋…4枚

木棉豆腐…1块（300克）

小葱…5根

A｜酱油、砂糖、淀粉…各1大勺

酱油…少许

色拉油…2大勺

白萝卜泥…6大勺

做法

1 豆腐用厨房用纸包裹，在上面压上重物，放置30分钟，待其出水后控干水分。将小葱切成葱花备用。

2 鸡蛋打在一个大碗中，加入A、步骤1的材料充分搅拌均匀。加入豆腐时，一边用手捏碎一边加入。

3 使用直径22厘米的平底锅，倒入色拉油加热，将步骤2的材料倒入锅中，盖上锅盖小火慢煎。一面煎至上色后再煎另一面。

4 找一个大小适合的餐盘，装盘，添上白萝卜泥和酱油即可。

冷藏可
保存1天

 黄瓜竹轮裙带菜

虽说是一道非常简单的用芝麻和醋做的凉拌菜,但也要细致认真地去制作。
做这道菜的重点是将竹轮尽量切薄一点。
看似简单的一步,做好了可以让竹轮和其他食材更好地融合。

材料

竹轮…4根
黄瓜…2根
裙带菜(盐渍)…30克
盐…少许

A
┃ 酱油、醋…各3大勺
┃ 熟白芝麻粉…2大勺
┃ 砂糖…1大勺

做法

1 将裙带菜用水泡开,然后切成方便吃的大小。黄瓜切成薄片,撒点盐抓匀,待其析出水分后用水冲洗一下,挤干黄瓜的水分。竹轮切成2毫米薄片备用。

2 将步骤1的食材全都放进一个大碗中,然后倒入A搅拌均匀即可。

冷藏可
保存2天

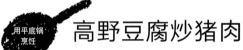

高野豆腐炒猪肉

高野豆腐会被经常用在炖菜里，其实用它来制作炒菜也是非常好的。
鲜美的汤汁和油脂都渗入豆腐里，美味也在不断蔓延。

材料

高野豆腐…4块

薄切猪肉片…200克

豆芽…1袋

洋葱…1/2个

打散的鸡蛋…2枚

盐…少许

A | 酒、酱油…各2大勺
  | 砂糖…1小勺

粗磨黑胡椒…少许

色拉油…2大勺

做法

1　将高野豆腐放入一个大碗中，倒入开水没过高野豆腐浸泡20分钟，然后控干水切成一口大小的块。将洋葱切细丝。

2　平底锅倒入色拉油加热，放入猪肉片，撒一点点盐翻炒。待猪肉片变色后加入步骤1中的高野豆腐块和洋葱丝，翻炒均匀。放入豆芽继续翻炒，待变软以后加入A翻炒均匀。待到高野豆腐块稍稍上色后，倒入打散的鸡蛋液继续翻炒，直到所有食材都熟透。

3　出锅装盘，最后撒上粗磨黑胡椒。

冷藏可
保存3天

羊栖菜红薯沙拉

最后一步撒上黄瓜既能丰富这道菜的口感，又能增添色彩。

材料

羊栖菜（干燥）…30克

红薯…1根

洋葱…1/2个

A
| 水…400毫升
| 酱油…2大勺
| 砂糖…1大勺

B
| 蛋黄酱…4大勺
| 黄芥末酱…1/2小勺

色拉油…1大勺

黄瓜…1/2根

做法

1 将羊栖菜装入碗中浸泡30分钟，然后将浸泡的水倒掉，加入新的清水，将羊栖菜捞出放到滤盆中控干水（注意尽量避开碗底的泥沙，不要跟羊栖菜一起捞出）。将A混合后备用。

2 红薯带皮切成一口大小的块。洋葱切成细丝，黄瓜切5毫米大小的丁状。

3 平底锅倒入色拉油加热，放入红薯块、洋葱丝翻炒。等到蔬菜均匀地裹上油之后，放入步骤1的羊栖菜继续翻炒，倒入A，盖上盖子焖煮10分钟。

4 等到汤汁差不多收干就关火，让其自然冷却。加入B拌匀后装盘，撒上黄瓜丁。

重点提示

要等食材全部裹上油以后再加入A。因为是凉着吃的沙拉，所以之前需要好好调味，最后加入蛋黄酱增加风味。

冷藏可
保存5天

干萝卜条多春鱼南蛮渍

多春鱼一直烤着吃的话没什么新意。
只需将干萝卜条和洋葱丝一起拌匀，再浇上甜醋，
就能很快地做好一道了不起的南蛮渍。
这道菜有沙拉的口感，可以大口大口地吃。

材料

多春鱼…10条
干萝卜条…40克
洋葱…1/2个
红辣椒…2根
昆布（高汤用）…3克

A
水…400毫升
醋…200毫升
酱油…2大勺
砂糖…4大勺

色拉油…2大勺

做法

1 将干萝卜条放水里洗一下后放碗里，加满清水浸泡10分钟，然后用手挤干萝卜的水分。洋葱切丝。红辣椒去掉里面的籽，切成小圆圈状。

2 将A倒入保存容器中，加入步骤1的材料和昆布。

3 平底锅倒入色拉油加热，将多春鱼两面煎至香脆后，趁热加入步骤2的保存容器中。静置于冰箱冷藏3小时，让食材慢慢入味。

关于干萝卜条

干萝卜条可能会被认为只用在炖菜里，其实它有很多用法。只要将它浸泡在水里吸饱水分，可以把它想象成新鲜萝卜来发挥巧思。不加热的话吃起来香脆爽口，适合用来做沙拉或腌渍菜肴。萝卜天然的甘甜，不仅可用于和食，还可用来搭配制作西餐。将它切成一口大小的块，用来做奶油炖菜、咖喱、番茄炖菜等，也会非常美味。干萝卜条是非常方便的食材。

冷藏可
保存4天

用锅来来烹饪

芋头煮鱼干

小鱼干的鲜美都渗入到芋头里。
吃起来会暖到心里。

材料

芋头…10个

小鱼干…12条

大米…2大勺

A | 高汤…800毫升
A | 酱油…3大勺
A | 味醂、砂糖…各2大勺

做法

1 芋头去皮切成一口大小的块，洗一下后放入锅里，加入水，注意水位要比食材的最高位稍微低一点点。加入大米后开火。待煮开后改用小火煮10分钟，关火。将芋头块取出浸泡在冷水中冲洗一下。小鱼干摘去头和内脏备用。

2 将A、步骤1的芋头块和小鱼干放入锅中，开火。煮开后改小火，煮10分钟关火。待其自然冷却入味即可。

小鱼干和薯类非常搭

　　在很多人的印象中会认为小鱼干是做高汤的食材，其实它作为炖菜的食材也非常优秀。变软了以后的小鱼干吃起来有嚼劲，其钙质丰富，营养价值高。可以用到小鱼干的炖菜除了芋头以外，只要是薯类都很搭。希望你们也可以跟红薯、土豆、南瓜等搭配着做做看。

重点提示

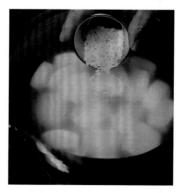

用大米来煮的话，不仅可以去除芋头的浮沫，还能让芋头煮出来很白净，增加后面汤汁的浓稠度。只要咕嘟咕嘟地温柔地对芋头进行加热，煮出来也不会散。

冷藏可
保存5天

94

鸡肉糜炒豆渣

豆渣虽营养价值高，但因口感有点干，所以较难做出好味道。
想要做出豆渣美味，一定要记住这个菜谱。
只需用一点小技巧，就能做出不同凡响的豆渣。

材料

豆渣…200克

鸡肉糜…100克

鲜香菇…4个

牛蒡…1/5根

胡萝卜…5厘米

三叶芹…10根

盐…少许

A | 水…400毫升
 | 酒、酱油、砂糖…各3大勺

色拉油…4大勺

做法

1　鲜香菇切薄片。牛蒡用刀像削木头铅笔一样削成薄片。胡萝卜切成粗2毫米的细丝。三叶芹切成1厘米长的段。将A混合均匀备用。

2　平底锅倒入色拉油加热，倒入香菇片、牛蒡片、胡萝卜丝，撒一点盐翻炒。等油均匀地渗入食材后，加入鸡肉糜，炒至变色后加入豆渣，继续翻炒至油均匀地渗入豆渣。

3　加入A煮制，在煮的时候要时不时翻炒搅拌一下以免煳底。等到汤汁收干时关火，加入三叶芹段拌匀即可。

重点提示

要注意必须等到油充分渗入食材中后，再加入煮汁，这样煮出来的食材可以保持湿润。

第七章

能长时间保存的沙拉

腌渍料理易保存，用途也广。
腌渍过程也是其乐无穷。

做渍物是件很开心的事。

与其说是工作，不如说是我的一项爱好。

店里的梅干和藠（jiào）头都是我自己腌的。

我每去一些乡村，当地的阿姨会给我品尝她们用当地食物做成的渍物，

还会教我腌渍的方法，所以我总是很期待去。

这些可是我的小秘密哦！

如果蔬菜买多了，可以把它们通通做成渍物。

只要放在冰箱里就可以保存很多天。什么时候想吃随时可以拿出来吃。

冷藏可
保存1个
星期

用锅来烹饪

糖醋渍黄瓜

将黄瓜放入煮开的酱汁中，待其自然冷却。
重复此操作3次，便可让黄瓜完全入味。
既易保存又美味异常。

材料

黄瓜…5根
生姜…1大块（20克）
盐…1大勺

A
酱油…180毫升
砂糖…120克
醋…60毫升

做法

1　将黄瓜切成5毫米厚的片，放入一个大碗中，撒上盐，将黄瓜片拌匀后静置30分钟。等到出水后将水挤干。生姜切成细丝备用。

2　锅中放入 A 煮开，放入步骤1中的黄瓜片和生姜丝后迅速关火。将锅从炉灶上移开，待其自然冷却。等放凉后将黄瓜片捞出，将酱汁再次放在火上加热至沸腾。

3　待酱汁烧开再次放入黄瓜片，然后立即关火，让其再次自然冷却。再重复一次前面的操作，第三次自然冷却后将黄瓜片等和酱汁一起倒入保存容器中，放冰箱冷藏保存即可。

重点提示

要等做渍物的酱汁充分烧开后再放黄瓜和生姜，然后马上关火。

盖上盖子，这样食材就能充分地浸泡在酱汁里，让其入味。待其自然冷却的过程就是入味的过程。

再次将酱汁煮开，倒进已捞出的黄瓜。其颜色就会越变越深。

冷藏可
保存4天

冷藏可
保存4天

木鱼花渍白菜

拌入的木鱼花随着时间推移，其鲜味会不断地渗入菜里，
因此菜会变得越来越美味。
白菜就放1/4把吧，多做一点！

材料

白菜…1/4把
木鱼花…10克
盐…1小勺
A | 酱油、味醂…各2大勺
日本柚子皮…少许

做法

1　白菜分成叶子和梗，叶子部分切成一口大小的四方形片状，梗顺着纤维切成长5厘米的长条状。白菜放进大碗中，撒上盐拌匀。静置10分钟。

2　将析出水分的白菜拧干，加入A和木鱼花拌匀后装盘，最后将日本柚子皮切成细丝撒上。

 ## 黄芥末渍茄子

这道菜在店里会经常和鱼贝类食材拌在一起，作为前菜招待客人。
也会作为肉类料理的配菜使用。

材料

茄子…4个

A | 砂糖…50克
　 | 酒…40毫升
　 | 黄芥末粉、盐…各15克

做法

将茄子先竖着对半切，然后再横着切成1厘米厚的半月形。茄子切好后放入大碗，加入A抓匀。盖上保鲜膜后放入冰箱冷藏2小时以上。

冷藏可
保存4天

冷藏可
保存4天

冷藏可
保存4天

浅渍西芹圆白菜

这道菜清脆的口感，有种在吃沙拉的感觉。
加入辣椒可为这道菜增加一丝微辣的口感，吃起来更开胃。

材料

圆白菜…1/2个

西芹…1根

A 醋…1大勺
  盐、砂糖…各1小勺

红辣椒粉…少许

做法

1 圆白菜去掉中间的帮子，将梗和叶子分开处理。叶子部分切成一口大小的方形片，梗的部分切成薄片。西芹去掉筋，也切薄片。

2 将步骤1的食材放入大碗中，加入A抓匀。盖上保鲜膜静置1小时。然后上下翻动一下再静置1小时。装盘时撒上红辣椒粉。

樱桃番茄茗荷甜醋渍

樱桃番茄用滚水剥皮后再放入酱汁，会变得更入味且多汁。
做出来颜色也很漂亮，作为招待客人的一道佳肴也是很好的推荐。

材料

樱桃番茄…10个

茗荷…6个

盐…少许

A 醋、水…各200毫升
  砂糖…80克

做法

1 将樱桃番茄放进沸腾的开水中烫一下，然后捞出，迅速放入凉水中，这样可以很方便地剥掉番茄皮。将茗荷靠近根部的部分切掉，去掉最外面的一层皮后对半切；开水下锅焯一下，然后迅速捞起，撒一点盐。

2 在大碗中将A搅拌均匀，等到砂糖完全溶化后，加入步骤1的食材。腌渍3小时以上。

糖醋渍白萝卜

甜味可以刺激食欲，也许不一会儿就被吃光了。
白萝卜就得要大块地腌渍，每次吃的时候再切开就好。

材料

白萝卜…1/2根

A 砂糖…5大勺
  醋…2大勺
  盐…2小勺

做法

将白萝卜纵向切成4等份放入食品密封袋，倒入A拌匀后腌渍1天。吃的时候切成5毫米厚的片即可。

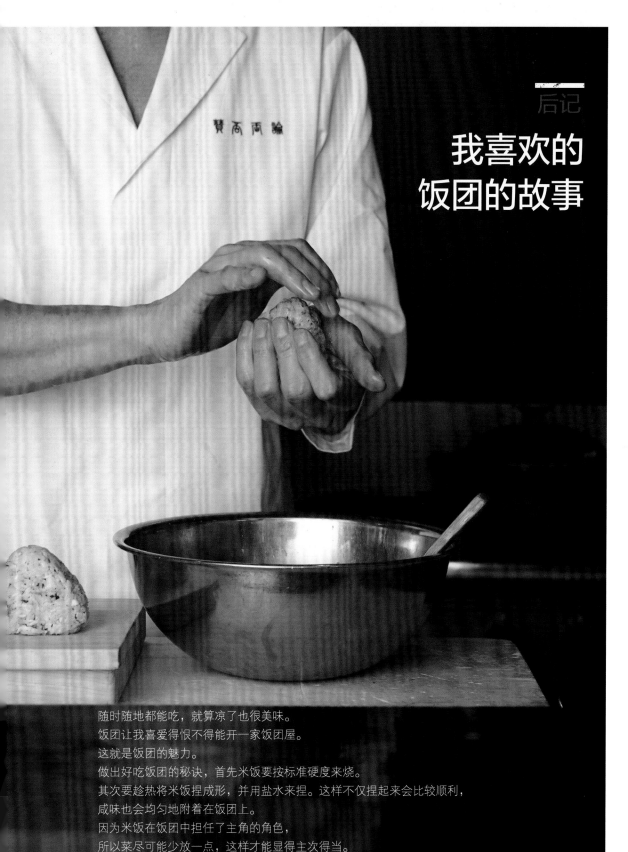

我喜欢的
饭团的故事

随时随地都能吃，就算凉了也很美味。
饭团让我喜爱得恨不得能开一家饭团屋。
这就是饭团的魅力。
做出好吃饭团的秘诀，首先米饭要按标准硬度来烧。
其次要趁热将米饭捏成形，并用盐水来捏。这样不仅捏起来会比较顺利，
咸味也会均匀地附着在饭团上。
因为米饭在饭团中担任了主角的角色，
所以菜尽可能少放一点，这样才能显得主次得当。

只要能吃到好吃的白米饭，哪怕只吃一个饭团也会很满足。
饭团应该算是最棒的美食了吧。

鲷鱼青紫苏饭团　　　　　　　　　木鱼花渍萝卜饭团

鸡肉松饭团　　　　　　　　　　天妇罗碎樱花虾饭团

饭团里添加的副菜

虽说副菜简单一点就好，以下的食材您认为怎么样呢？
最关键的一点是调味时记得把味道调重一点，
把饭团先做好后可以用在很多地方。

木鱼花渍萝卜饭团

甜辣的调味，配以爽脆的渍萝卜，
能给我们愉快的食用感。

冷藏可
保存7天

材料

米糠渍萝卜…1根（100克）

木鱼花…10克

熟白芝麻…1大勺

A　酒…3大勺
　　酱油、砂糖…各1大勺

色拉油…1大勺

做法

1　将米糠渍萝卜切成2毫米粗的细丝。
2　平底锅倒入色拉油加热，将步骤1的萝卜丝倒入翻炒，待其全部被油包裹后放入A爆炒一下。待汤汁收干时关火，撒上木鱼花和熟白芝麻，拌匀即可。
● 捏饭团的时候跟米饭拌匀，手蘸盐水将饭团捏成俵形❶。再撒上一点熟白芝麻。

天妇罗碎樱花虾饭团

将樱花虾和天妇罗碎组合在一起，
简单的天妇罗饭团就完成了！

冷藏可
保存5天

材料

樱花虾…20克

天妇罗碎…30克

A　酒…3大勺
　　酱油、砂糖…各1大勺

做法

将樱花虾、天妇罗碎、A放入锅中后开火，炒到汤汁收干。
● 捏饭团的时候跟米饭拌匀，手蘸盐水将饭团捏成球形。

❶ 译者注：日本的饭团形状一般分为三角形、俵形、球形（日文：丸形）三大类，可按照自己喜欢的形状来捏。

用大碗来制作

鲷鱼青紫苏饭团

冷藏可
保存4天

鲷鱼的清淡和鲜美渗入米饭中。
红紫苏拌饭料和青紫苏叶的香味也相得益彰。

材料

鲷鱼…2大块

青紫苏叶…5片

红紫苏拌饭料…1小勺

盐…少许

芝麻油…1大勺

做法

1 鲷鱼撒上盐，用烤鱼盘烤熟后取出，待其温度
降到不烫手时，去除鲷鱼的皮和骨头，用手掰
碎。青紫苏叶切丝后用水稍稍清洗一下，然后
拧干。

2 将步骤1的材料放入大碗中，倒入芝麻油和红
紫苏拌饭料搅拌均匀即可。

● 捏饭团的时候跟米饭拌匀，手蘸盐水将饭团捏成三
角形。

 用锅来烹饪

鸡肉松饭团

冷藏可
保存5天

这道菜可以和酱汁一起保存，
还能作为盖浇饭的浇头使用。
保存在冰箱里随取随用，非常方便。

材料

鸡肉糜…200克

大葱…1/2根（50克）

生姜…10克

A
水…100毫升
酱油…3大勺
味醂、酒、砂糖…各2大勺

做法

1 大葱切末。生姜擦成泥。

2 将A、葱末、姜泥和鸡肉糜放入锅中，开火，
当锅中食材还是凉的时候就用筷子一边搅拌一
边加热。待鸡肉糜加热后散开变成颗粒状，汤
汁变得清澈时即可关火，晾凉。然后菜和汤汁
一起倒入保存容器保存。

● 捏饭团的时候跟米饭拌匀，手蘸上盐水将饭团捏成扁圆
形。再卷上海苔，最上面放点鸡肉松即可。